150个家居软装搭配图典

理想·宅 编著

北京希望电子出版社
Beijing Hope Electronic Press
www.bhp.com.cn

内 容 简 介

　　由于不同风格的软装搭配特点不一，所以空间改造可以利用简单的软装搭配进行改变。本书精选了五百余张国内外高清实景家居图片，通过拉线标注软装元素、关键软装单品展示，以及辅助性文字讲解的方式，诠释了 15 种不同家居风格的软装搭配关键点，帮助读者更直观、全面地了解家居软装搭配技巧。

图书在版编目（CIP）数据

150 个家居软装搭配图典 / 理想・宅编著 . — 北京：
北京希望电子出版社，2018.7

ISBN 978-7-83002-609-7

Ⅰ . ① 1… 　Ⅱ . ① 理… 　Ⅲ . ① 住宅－室内装饰设计－
图集 　Ⅳ . ① TU241-64

中国版本图书馆 CIP 数据核字（2018）第 118506 号

出版： 北京希望电子出版社

地址： 北京市海淀区中关村大街 22 号 中科大厦 A 座 10 层

邮编： 100190

网址： www.bhp.com.cn

电话： 010-62978181（总机）转发行部

　　　010-82702675（邮购）

传真： 010-62543892

经销： 各地新华书店

封面： 骁毅文化

编辑： 安　源

校对： 方加青

开本： 210mm×225mm　1/20

印张： 8

字数： 200 千字

印刷： 艺堂印刷（天津）有限公司

版次： 2018 年 7 月 1 版 1 次印刷

定价： 48.00 元

目录 CONTENTS

现代风格 ▶

简约 ▼ 风格

英式 ◀ 乡村风格

新中式风格 ▼

北欧 ◀ 风格

工业 风格 ▼

美式 现代风格 ▶

东南亚风格 ◀

美式 ▼ 乡村风格

混搭 风格 ▼

新欧式风格 ◀

中式 古典风格 ▶

法式 ◀ 乡村风格

欧式 古典风格 ▶

地中海风格 ◀

现代风格

新型材质 + 传统材质　板式家具与创意家具　简洁个性的软装装饰品

01 玻璃摆件 + 大理石家具

在大理石茶几或餐桌台面上，摆放玻璃花瓶或玻璃材质的工艺品，不仅能与大理石家具紧密融和，形成丰富的整体观感，而且能为现代风格的空间渲染更浓厚的人工化的都市感。

·玻璃花瓶　·大理石茶几

·玻璃罩摆件　·大理石造型茶几

·玻璃烛台　·大理石餐桌

02 板式柜体

平直简单的板式书柜，在视觉上给人简洁利落的感觉，而其又拥有不俗的收纳功能，在满足美观的同时将现代风格中追求实用的特点展现穷尽，形成简洁、时尚的视觉效果。

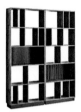

·定制收纳柜

·定制电视收纳柜

·整体床头橱柜

·板式展示柜

03 新型材质 + 布艺织物

玻璃、不锈钢和多种新型金属材质，其冰冷坚硬的质感搭配着柔软温和的布艺织物，将冷与暖的冲撞调和成现代风格的特有品味，平衡调剂着整体居室的现代感。

· 布艺单人椅 · 玻璃茶几

· 布艺靠枕 · 金属吊灯

· 布艺沙发 · 新型塑料茶几

· 不锈钢落地灯 · 纯棉床品

04 抽象装饰画 + 创意家具

在客厅墙面上悬挂用色大胆，题材新颖的抽象装饰画作为点缀，与简洁但充满设计感的家具搭配，不仅可以提升空间品位，还可以缔造出多彩的现代时尚空间。

·组合茶几   ·抽象装饰画

抽象装饰画·   ·创意单椅

05 实木家具 + 新型材质

　　稳重低调的实木家具为空间奠定成熟稳定的基调，加入玻璃、不锈钢或塑料等新型材质制成的小型家具或工艺品等，可以使空间气氛活跃起来，注入更多的个性化的现代气息。

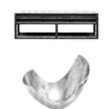

·实木边几　　　·玻璃烛台

·实木茶几　　　　·不锈钢探照灯

·实木电视柜　　　·不锈钢落地灯

·实木书桌　·玻璃面书柜

06 L 型沙发 + 组合茶几

L 型沙发表面平整，整体看起来简洁且具有美感，但形式上过于简单刻板。利用多个组合的茶几，通过独特的摆放设计改变传统家具摆放格局，令人耳目一新，更能够突出空间的现代感。

·组合茶几　　　　·L 型布艺沙发

·L 型布艺沙发　　　　·圆形组合茶几

·L 型布艺沙发　　　　·创意组合茶几

·L 型布艺沙发　　　　·组合茶几

·组合大理石茶几　　　　·L 型布艺沙发

07 弧形灯具 + 平直沙发

利用不锈钢落地灯勾勒出半弧形的造型，打破由横平竖直的沙发带来的单调感，令空间设计充满个性想法，打造出独特而随性的现代风格空间。

平直沙发·　　　·落地钓鱼灯

·橙色平直沙发　　　·不锈钢落地灯

·平直沙发　·落地钓鱼灯

落地钓鱼灯·　　　·平直L型沙发

08 造型茶几 + 纯色地毯

　　使用不同于传统造型样式的茶几,可以展现出独有的创造力,使空间瞬间充满未来感。再搭配上纯色的地毯,利用柔和的触感淡化造型茶几形成的冷静感,从而使空间整体更和谐。

· 圆形组合茶几　　　　　　· 灰色纯色地毯

· 米色地毯　　　　　　　　· 玻璃茶几

· 造型茶几   · 纯色地毯

· 灰色长绒地毯   · 造型茶几

· 灰色地毯   · 造型茶几

· 纯色地毯   · 造型实木茶几

09 几何图案软装 + 纯色床品

纯色的床品保留了布艺材质的原色调，可以给人平和、冷静的感觉。为避免单调同时搭配带有简单几何图案的抱枕、地毯或家具进行装饰，可以增加卧室的现代感。

·几何图案衣柜   ·白色床品

·白色床品   ·几何图案地毯

·白色床品   几何图案地毯·

·几何图案靠枕   ·灰色床品

·几何图案靠枕   ·白色床品

简约风格

设计与空间的功能性融合 注重细节 简约不简单

10 清新的花艺 + 陶瓷制品

简约风格的装修通常色调较浅，因此花艺可采用清新明快的瓶装花卉，注意不可过于色彩斑斓，摆件饰品可使用瓷器材质，搭配起来充满清爽简洁的装饰效果。

陶瓷茶具 · · 小型花艺

简约花艺 · · 白瓷花瓶

· 鲜花花艺 · 陶瓷餐具

11 纯色地毯 + 素色窗帘

简约风格的空间软装设计更喜欢使用颜色素雅、材质柔和的布艺装饰品，达到以简胜繁的效果，因此纯色地毯与素色窗帘的搭配则能充分体现简约风格的空间特征。

·蓝色地毯　　·白纱窗帘

·素纱窗帘　　　　　·褐色地毯

白纱窗帘·　　·绿色地毯

·实木电视柜　　·无脚沙发

12 低矮家具 + 原木家具

简约风格往往多使用造型矮小的家具，既不占用过多空间而显得居室杂乱，也能更突出其多功能的生活必需性。搭配没有过多修饰的原木家具，给人干净明快的感觉。

·低矮单人椅　　·原木凳子

·实木茶几　　·低矮扶手椅

·实木椅　　·无脚床

·原木茶几　　·低矮皮沙发

13 带有收纳功能的家具

使用带有收纳功能的家具可以保证空间风格的特征，又贴合实际生活中所需的储存要求，结合二者来展现出简约风格的简洁、实用。

·多功能床

·收纳展示结合衣柜

·组合收纳书桌

·多功能茶几

· 多功能电视背景展示柜

· 多功能书架

· 组合收纳床头柜

· 多功能茶几

· 带有收纳功能的展示架

14 布艺沙发 + 实木茶几

布艺及实木都属于柔和型的材料，两者搭配，不仅可以提升家具的舒适感，而且可以丰富空间层次，视觉上又不显凌乱。

·布艺沙发　·实木茶几

·实木茶几　·布艺沙发

·实木圆形茶几　·布艺沙发

·实木茶几　·布艺沙发

·皮质躺椅　　　　　　　　　·布艺沙发

·皮质扶手椅　　　　　　　　·布艺沙发

·实木边几　　　　　　　　　·布艺沙发

·实木茶几　　　　　　　　　·布艺沙发

·布艺沙发　　　　　　　　　·实木茶几

15 双人床 + 单人座椅

双人床摆放在卧室的中心位置，单人座椅则是摆放在双人床对侧的一角，两者相互搭配使用，丰富了卧室内的家具陈设设计，提升了空间的设计美感。

· 双人床　　　　　　　单人椅·

· 单人椅　　　　　　　· 双人床

· 双人床　　　　　　　· 单人椅

· 单人椅　　　　　　　· 双人床

· 双人床　　　　　　　· 单人椅

・单色床品　　・黑白装饰画

16 简约黑白装饰画 + 单色床品

题材简洁明了的黑白装饰画不会过分抢夺眼球，但其存在又能体现出居住者的审美品位。卧室使用单色床品来突出简约风格的特点，与黑白装饰画搭配能为空间增加简洁清爽的意境感。

・白色床品　　・黑白装饰画

・灰色床品　　・黑白装饰画

・黑白装饰画　　・紫色床品

・单色床品　　・黑白装饰画

17 鱼线形吊灯

鱼线形吊灯的外形明朗、简洁，配上简单的灯泡光源，形成了独特的简约美，在凸显现代简约家居风格的同时，还提升了空间的品质。

· 鱼线形吊灯

· 鱼线形吊灯

· 鱼线形吊灯

· 鱼线形吊灯

北欧风格

原木家具　人体工学家具　极简软装饰　自然元素装饰

18 符合人体工学的家具 + 棉麻软装制品

北欧家具讲究它的曲线如何在与人体接触时达到完美的结合，再加上质地柔软舒适的棉麻制品，将素净、天然的舒适感充斥整个空间，带来放松和平静的氛围。

· 休闲椅　　　　　　　· 纯棉靠枕

· 天鹅椅　　　　　　· 纯棉地毯

· 蛋椅　　　　　　· 布艺沙发

19 原木家具 + 伊姆斯休闲椅

原木家具色彩柔和，纹理天然细密，再搭配上造型圆润，对坐感需求注重人体工学的伊姆斯休闲椅，打造朴实、淡雅的原始韵味与美感。

▸ 原木餐桌   ▸ 伊姆斯休闲椅

▸ 原木餐桌   ▸ 伊姆斯休闲椅

▸ 原木餐桌   ▸ 伊姆斯休闲椅

▸ 伊姆斯休闲椅   ▸ 原木床几

▸ 伊姆斯休闲椅   ▸ 原木书桌

20 几何图案的地毯 + 照片墙

简单的几何图案地毯，搭配上极具风格特色的照片墙，不仅可以改善过于单调的居室氛围，也可以令家居氛围充满自然气息，塑造出充满北欧风情的生活空间。

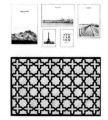

· 照片墙　　　· 几何图案地毯

· 几何图案地毯　　　· 照片墙

· 几何图案地毯　　　· 照片墙

· 照片墙　　　· 几何图案地毯

21 鹿头壁挂 + 木框架布艺沙发

北欧风格中常常出现充满自然感的鹿头壁挂，可以避免白色墙面带来的单调感。客厅使用木框架布艺沙发，显得纤细柔和，搭配鹿头壁挂，可以增加客厅的风格感。

· 木框架布艺沙发　　· 鹿头壁挂

· 鹿头壁挂

· 木框架布艺沙发

22 绿植装饰物 + 无色系简约灯具

北欧家居风格中常见绿植装饰物，其富有活力的色彩可以点亮空间，同时也常使用造型极简的无色系灯具装点空间，二者搭配令空间充满自然朴素的感觉。

· 绿植　　　　　　　　　　　　　　· 白色壁灯

· 绿植　　　　　　　· 黑白色吸顶灯

· 白色吊灯　　　　　　　　　· 绿植

23 玻璃瓶观赏植物 + 白漆木质桌

在北欧风格空间里装饰品并不多，也没有造型夸张、前卫的摆件，常见玻璃制品组合观赏性绿植的装饰摆件，再搭配白漆涂制的实木桌，可以带来清爽通透、简洁自然的文艺感。

·玻璃瓶观赏植物　　　　　·白漆木桌

·白漆原木桌　　　　　玻璃瓶观赏植物·

·白漆木桌　　　　　·玻璃瓶观赏植物

24 板式家具 + 金属灯罩灯饰

　　北欧风格的灯饰注重简洁的造型，力求用本身的色彩和流线来吸引人的目光，其中用金属灯罩灯饰搭配造型简约的板式家具，既雅致，又不会过多占用空间，也能凸显空间的流畅感。

· 板式长桌　　· 金属鱼线灯

· 金属灯罩灯　　　　　　　　　　· 板式茶几

· 金属灯罩吊灯　　　　· 板式餐桌

25 线条简练的壁炉

有别于欧式古典风格，北欧风格家居中的壁炉线条都很简单，质感细腻，摒弃了一切无用的细节，保留着生活中最真实、最纯粹的部分。

· 极简壁炉

· 线条简练的壁炉

26 极简无花床品 + 黑框装饰画

卧室使用纯色无印花的床品，在视觉上显得简洁、利落。在床头或两侧摆放黑色边框修饰的装饰画，搭配极简的画风或主题，既带来丰富的空间层次感，又不会破坏整体的纯净基调。

· 黑框装饰画　　　　　· 极简床品

· 极简床品　　　　　· 黑框装饰画

· 黑框装饰画组合　　　　　· 无花床品

27 麻编地毯 + 可折叠家具

麻的材质素朴、手感舒适，保留最原始的泥土色感，给人以纯朴的自然气息，搭配可折叠的家具，将随性与节约融合，展现了北欧风格的清新和极简主义。

· 麻编地毯　　　· 可折叠躺椅

· 可折叠餐桌　　　· 麻编地毯

· 麻编地毯　　　· 可折叠灯具

28 绿植装饰画 + 白纱窗帘

绿植题材的装饰画简单而清爽，搭配素色白纱窗帘，呈现淡雅而自然的视觉效果，可以将空间打造出自然、素雅，盈满温馨之感。

● 绿植装饰画　　　　● 白纱窗帘

● 绿植装饰画　　　　● 白纱窗帘

● 绿植装饰画　　　　● 白纱窗帘

29 药瓶插花

　　用复古的棕色药瓶插制简单随性的花艺，带来浓厚的北欧风情。搭配时随意摆放于空间一角，既不过分夺目，也能丰富空间层次，从细节之中散发北欧情调。

· 药瓶插花

· 药瓶插花

· 药瓶插花

药瓶插花·

工业风格

做旧质感的木材 + 皮质家具　工业元素软装　铁艺 + 金属家具

30 裸露的灯泡 + 金属家具

工业风格常使用没有任何修饰的灯泡作为照明工具，不仅没有单调窘迫的感觉，反而更能彰显与众不同的个性，再搭配上金属质感的家具，更能烘托出随性而粗犷的工业感。

金属座椅 · ·裸露的灯泡

金属床头柜 · ·裸露的灯泡

·裸露的灯泡　·不锈钢书桌

31 金属家具 + 铁艺置物架

　　线条平直的金属家具拥有流畅的线条、坚实的框架，能够充分展现出独特的空间特点；而铁艺置物架造型简洁却充满硬朗的气质，二者搭配能更好地体现工业风格的个性与冷峻。

· 金属书桌　　　　· 铁艺置物架

· 铁艺置物架　　　· 金属茶几

金属吊椅·　　　铁艺置物架·

· 金属座椅　　　· 铁艺置物架

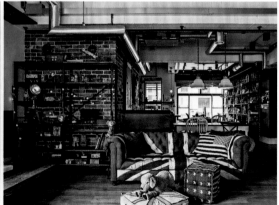

· 铁艺置物架　　　· 金属柜

32 线索悬浮吊灯 + 皮质软装

线索悬浮吊灯通过简单的灯线配以不同固定规则的暗扣，便能将空间的工业风格尽数展现；同时，再搭配皮质材料的软装，可以将工业风格的随性气息很好地呈现出来。

· 线索悬浮吊灯　　· 皮质躺椅

· 线索悬浮吊灯　　· 皮面靠枕

· 皮质地毯　　· 线索悬浮吊灯

· 皮质座椅　　· 线索悬浮吊灯

33 蛋椅 + 恐龙骨模型

造型奇特而充满创意的蛋椅，搭配同样拥有独特装饰效果的恐龙骨模型，可以使整个空间添加个性与时尚感，也大大增加了空间风格感，把工业风格的特点表现得恰到好处。

恐龙骨模型 · ┆ ┆ · 蛋椅

· 恐龙骨模型 · 蛋椅

34 皮质家具 + 复古家具

在工业风格的居室中一切老旧物件均可以展示其新的价值，这样既具有个性特征，也能充分展露出空间的复古情怀，再搭配硬朗成熟的皮质沙发，给空间增添粗犷的怀旧感。

└ ·复古凳　　　　　└ ·皮矮凳

└ ·皮沙发　　　　　└ ·复古躺椅

└ ·复古茶几　　　　└ ·皮沙发

└ ·皮沙发　　└ ·复古茶几

└ ·复古长椅　　└ ·皮座椅

35 粗犷豪放灯具 + 金属框架家具

工业风格的空间不刻意隐藏各种水电管线，透过位置的安排将其化为室内的视觉元素之一。同时再搭配造型简约的金属框架家具，可以为空间带来冷静的感受。

· 不锈钢吊灯   · 铝皮实木家具

· 金属框架家具   · 铁皮吊灯

· 探照灯   · 金属框架实木茶几

36 Tolix 金属椅

线条轮廓简约流畅的 Tolix 金属椅，以其自身的独特性在工业风格的空间中成为最独特的装饰亮点。而其自带的舒懒怀旧气质，也能和不同的家具完美搭配。

· Tolix 金属椅

· Tolix 金属椅

· Tolix 金属椅

· Tolix 金属椅

· Tolix 金属椅

37 做旧的家具 + 独特装饰品

使用特殊工艺将家具做旧，呈现出复古怀旧的风情，搭配造型独特的软装饰品，不仅可以体现出工业风格的冷峻个性，也令空间充满设计感。

· 马头壁灯　　　　　做旧斗柜 ·

· 做旧边柜　· 奇特摆件

· 创意装饰画　　　· 做旧厨台

· 抽象装饰画　　　· 做旧茶几

38 钢木家具 + 金属灯具

主体结构以木材为板面基材，以钢材为骨架基材配合制成的家具，搭配上金属的灯具，令工业风格的冷硬、个性完美呈现。

· 金属灯具   · 钢木家具

· 钢木家具   · 金属灯具

金属灯具 ·   · 钢木家具

· 金属灯具   · 钢木家具

39 明装射灯 + 铁艺装饰

工业风格的居室喜爱展现射灯铺设的轨迹，给人随性、粗犷的感觉，再搭配上个性的铁艺装饰，更能够增添个性感。

· 铁艺衣架　　　　· 明装射灯

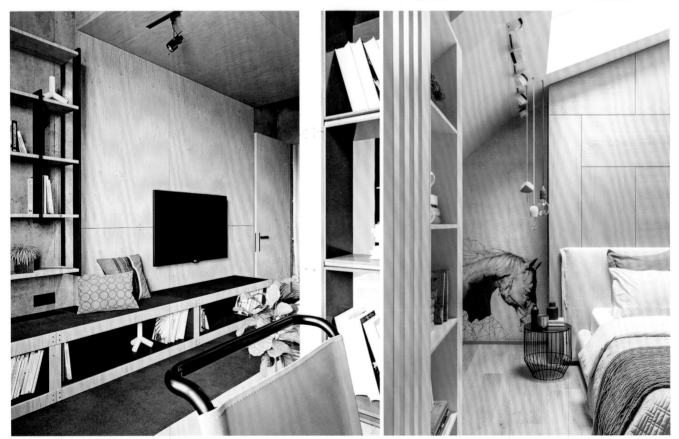

· 铁艺收纳柜　　· 明装射灯　　　　　　　· 明装射灯　· 铁艺边几

美式现代风格

简化的美式家具　天然实用的软装饰品　新型材质＋自然元素

40 麻藤软装 + 弧形家具

造型简洁又不乏时尚美的麻藤软装，集实用与装饰为一体，搭配上线条圆润流畅的家具，与美式现代风格追求潮流但不失传统感的诉求相得益彰。

· 麻绳吊灯　　　　　· 弧形单人椅

· 藤编收纳篮　　　　· 弧形扶手沙发

· 温莎椅　　　　· 麻绳摆件

41 铁艺家具 + 棉麻布罩灯具

造型圆润精巧的铁艺家具，加上天然、温馨的棉麻布罩灯具，将坚硬与柔软结合，为空间增添了别致的风情。

· 棉麻布罩吊灯　　· 铁艺边几

· 铁艺边几　　· 棉麻布罩台灯

· 铁艺边几　　· 棉麻布罩台灯

· 棉麻布罩台灯　　· 铁艺茶几

· 棉麻布罩台灯　　· 铁艺床

42 点状性插花 + 玻璃花瓶

选择花型小而多的点状性花材，可以增添空间的生机，再搭配上款式简单雅致的玻璃花瓶，更能烘托出空间精美的气息。

· 点状性插花 ·　　　　　· 宽口玻璃花瓶

· 点状性插花　　　· 玻璃花瓶

· 点状性插花　　　· 棕色玻璃花瓶

43 金属修饰的木制家具 + 纯色布艺

利用铆钉或不锈钢修饰的木制家具，将古典与现代结合，使风格感更突出，再搭配纯色的棉麻布艺，使空间整体看上去更干净利落，又不失现代风味。

▸ 带铆钉实木茶几　　　▸ 纯色布艺沙发

▸ 金属拉锁木桌　　　▸ 纯色床品

▸ 不锈钢实木床头柜　　　▸ 纯色床品

▸ 铆钉沙发　　　▸ 布艺靠枕

44 纯铜灯饰 + 花鸟装饰画

线条圆润的纯铜灯饰复古而充满韵味，搭配自然清新的花鸟装饰画，为空间带来淳朴而又怀旧的氛围。

· 纯铜壁灯　　· 花卉装饰画

· 纯铜吊灯　　· 花鸟装饰画

· 纯铜吸顶灯　　· 鹦鹉装饰画

45 带铆钉的皮沙发 + 实木造型

在美式现代风格中，常会选用带有铆钉的皮沙发，其金属元素带有强烈的现代气息，可以令空间更加具有时代特征，再搭配带有造型十足的实木茶几，从整体上更加贴近现代生活。

·胡桃木茶几　　·带铆钉的皮沙发

·带铆钉的皮沙发　　·实木茶几

·带铆钉的皮沙发　　·实木边几

·带铆钉的皮沙发　　·实木茶几

·带铆钉的皮沙发　　·实木电视柜

46 旧木色斗柜 + 铁艺装饰品

保留传统样式的美式斗柜为空间带来复古的风格，再搭配造型简洁精致的铁艺装饰摆件，更能够将时尚与怀旧融合，打造经典的美式现代风格。

| 旧胡桃木斗柜 | 铁艺麋鹿摆件 |

| 铁艺摆件 | 旧木色斗柜 |

47 线条简化的实木家具 + 纯色布艺沙发

线条更加简化、平直的实木家具，在材质上保留了传统美式风格的天然感。因此与纯色布艺沙发的组合搭配，可以让视觉更简练干净，使空间看起来更加舒畅。

· 线条平直的茶几　　· 白色布艺沙发

· 实木茶几　　　　· 纯色布艺沙发

· 原木茶几　　　　· 布艺沙发

· 纯色沙发　　　　· 实木长桌

实木茶几 ·　　· 纯色布艺沙发

48 公鸡摆件

美式现代风格在装饰物的选择上擅用带有乡村题材的元素。其中，公鸡摆件是较受欢迎的工艺品，无论是摆放在空间中的任意地方，均能体现出乡野风味。

· 成对公鸡摆件

· 公鸡摆件

49 马类装饰画+麋鹿造型摆件+复杂图案抱枕

使用斑马或其它马类为题材的装饰画悬挂在空白墙面上，不仅能装饰过于单调的墙面，而且也能够为空间带来极具特色的风格感，再搭配麋鹿造型摆件和图案复杂的靠枕，可以使空间充满自然的力量。

·复杂图案靠枕　　·斑马装饰画

·复杂图案靠枕　　　　　　·麋鹿摆件

·组合斑马装饰画　　·复杂图案靠枕

·麋鹿摆件　　　·复杂图案靠枕

·马类装饰画　　　·复杂图案靠枕

美式乡村风格

式样厚重的木家具　乡野元素软装　自然舒适的家具

50 粗犷的木家具 + 花纹地毯

质地厚重的木家具能够营造出质朴、沉稳的家居环境，搭配花纹地毯，则能展现出大气古朴的自然之感。

·实木茶几　　　　·花纹地毯

·花纹地毯　　　·实木床

·花纹地毯　　　·实木餐桌

51 自然风光油画 + 铁艺灯

自然风光的油画搭配
冷静稳重的铁艺灯，表现
出生动有趣的自然主题，
体现了空间的生机、灵动。

·铁艺吊灯　·自然风光油画

·铁艺壁灯　　·自然风光油画

·自然风光油画　·铁艺吊灯

自然风光油画·　·铁艺吊灯

· 自然风光油画　　　　　· 铁艺吊灯　　　　　　　· 铁艺灯　　　　　· 自然风光油画

· 铁艺吊灯　　　　　· 自然风光油画　　　　　· 铁艺吊灯　　　　　· 自然风光油画

52 古朴的花器 + 花卉图案软装

造型古朴的复古花器装饰效果突出，再搭配带有花卉图案的软装，更能凸显自然的乡野风味。

· 花卉靠枕　　　　　· 古朴花器

· 复古花瓶　　　　　· 花卉矮凳

· 花卉抱枕　　　　　复古花器·

· 花卉图案扶手椅　　· 复古花器

53 麋鹿造型摆件 + 实木家具

麋鹿造型摆件体现浓郁的风格特征，搭配厚重沉稳的实木家具，展现生活的自然舒适性，突出清婉惬意的格调。

·实木电视柜　　　　·麋鹿造型摆件

·麋鹿造型台灯　　　　·实木书桌

·麋鹿头壁挂　　　　·实木玄关柜

54 大型绿植 + 实木斗柜

角落里的大型绿植为空间营造出生机盎然的氛围，搭配同样厚重的实木斗柜，与追求粗犷、豁达风格的审美诉求相匹配。

· 实木斗柜　　　· 大型绿植

· 大型绿植　　　· 实木斗柜

55 鹿角灯

美式乡村风格的居室常使用鹿角造型灯具，其象征了原生态的高品质生活，用在家居照明中，既是实用的光景营造帮手，也是不可多得的艺术藏品。

· 鹿角壁灯　　　· 鹿角吊灯

· 鹿角灯

· 鹿角吊灯

· 鹿角吊灯

56 金属风扇灯 + 挂钟

造型复古的挂钟充满
了乡村感，与金属风扇灯
组合搭配，呈现出悠闲的
乡野氛围，使整个空间展
现出独特的美式风情。

·金属风扇灯　　　　乡村挂钟·

·金属风扇灯　　　　·怀旧挂钟　　　　复古挂盘·　　　　·金属风扇灯

57 锦鸡摆件 + 皮质座椅

　　锦鸡摆件造型独特，能够为空间带来自然的气息，搭配皮质座椅，则更能体现出悠闲、舒畅、随性的乡村生活情趣。

· 皮质座椅　　　　· 锦鸡装饰品

· 亮皮扶手椅　　　　· 锦鸡摆件

58 四柱床 + 花卉床品

独特的四柱造型搭配实木材质，使卧室充满大气端重的美式风情，加上花卉图案的床品更能凸显美式乡村风格。

· 四柱床　　· 大花床品

· 四柱床　　· 花卉靠枕

· 小朵花卉床品　　· 胡桃木四柱床

· 四柱床　　· 碎花床品

法式乡村风格

优雅纤细的家具　碎花布艺装饰　浪漫精致的摆件＋仿旧家具

59 尖腿家具 + 象牙白家具

尖腿家具整体给人轻盈纤细的感觉，而象牙白家具则充满柔和、温情的感觉，二者搭配，给空间营造出浪漫、精致的气氛。

· 象牙白餐边柜　　　　　· 尖腿餐椅

· 象牙白矮凳　　　　　· 尖腿床头柜

· 象牙白床头柜　　　　　· 尖腿橱柜

60 硬木雕刻家具 + 弯腿家具

在硬木家具上雕刻简单可爱的花纹，能够减少木制家具带来的生硬感，增加自然气息，再搭配弯腿家具，则更增添活泼灵动的乡村感。

· 弯腿床头柜　　　　　· 硬木雕刻床

· 弯腿床头柜　　　　　· 硬木雕刻架子床

· 硬木雕刻床　　　　　· 弯腿床头柜

· 弯腿座椅　　　　　· 硬木雕刻床

61 手绘家具 + 碎花布艺

手绘家具多以白色为底，上面描出俊秀、精致的图案，能体现出法式风格用色的雅致感。同时搭配上碎花布艺，可以很好地营造出一种浓郁的柔美气息。

· 碎花窗帘　　　　　　　　手绘床头柜 ·

· 碎花靠枕　　　　　　　　· 手绘床头柜 ·

62 碎花布艺家具 + 复古装饰

碎花布艺家具可以为空间带来唯美浪漫的气息，加上复古装饰可以在细节处体现法式田园风格的精美。

· 复古装饰镜　　· 碎花布艺凳

· 碎花布艺沙发　　复古花器

碎花布艺矮凳 ·　　复古装饰镜 ·

· 复古相框　　· 碎花布艺餐椅

· 复古台灯　　· 碎花布艺座椅

63 仿旧家具＋花鸟装饰

法式乡村风格常见仿旧的木制家具，通过擦旧处理营造出自然、复古的韵味，再摆放花鸟装饰品，更增添自然、活泼的气息。

·仿旧茶几   ·花卉装饰画

·彩雀摆件   ·仿旧茶几

·仿旧床头柜   鸟雀台灯·

·小鸟摆件   ·仿旧长桌

64 薰衣草

在餐桌、客厅等处摆放一瓶薰衣草花束，或将干燥的薰衣草挂在墙壁上，直接传达一种自然气味，将法式精致的生活品味表露无遗。

· 薰衣草

· 薰衣草

· 薰衣草

65 法式灯具 + 碎花装饰

利用充满法式风情的灯具和甜美的碎花装饰点缀空间，不仅能够增强空间风格感，同时也与法式追求精致生活的诉求相吻合。

· 碎花靠枕　　　　· 花朵造型灯具

· 铁艺壁灯　　　　· 碎花复古摆件

· 碎花扶手椅　　　　· 法式布面台灯

66 铁艺家具 + 大花图案地毯

铁艺家具给人纤细精致的感觉，搭配上大花图案的地毯，形成视觉上的反差，更能展现出法式风格精致、柔美的特征。

· 大花地毯　　· 铁艺茶几

· 大花地毯　　· 铁艺茶几

英式乡村风格
胡桃木家具 + 格子布艺 英伦风装饰 碎花 + 条纹软装

67 胡桃木家具 + 鸟类装饰

　　核桃木家具表面只进行过简单的处理，不加任何装饰，带有质朴和返璞归真的感觉。再搭配鸟类造型的装饰物件，能更加凸显风格特征。

·鸟类摆件　　·胡桃木组合电视柜

·胡桃木茶几　　　　　·鸟类装饰画

·胡桃木边柜　　·鸟类装饰画

68 苏格兰格子布艺 + 木质相框

英式乡村风格的居室中常常在窗帘、抱枕、布艺沙发和床品之中出现格子图案，再搭配木质相框，更能衬托出英式独特的居室风格。

·格子布艺矮凳　·木质相框

·木质相框　·格子布艺沙发

·木质相框　·格子布艺沙发

·格子布艺沙发　·木质相框

·木质相框　·格子布艺沙发

69 手工沙发 + 条纹布艺

手工沙发在英式田园家居中占据着不可或缺的地位，注重面布的配色与对称之美，常使用格子或条纹图案，能够充分展现出英式风味。

• 条纹布艺高背椅   • 手工沙发

• 手工沙发   • 条纹坐垫

70 装饰性半帘 + 花卉布艺

在英式乡村的家居中，既可以选择经典条纹或格纹图案的半帘，也可以选用米字旗图案的半帘，同时搭配上花卉图案的软装，整体显得十分俏皮、可爱。

·装饰性半帘　　·碎花扶手椅

·装饰性半帘　　·花卉高背椅

·装饰性半帘　　·花卉靠枕

71 复古花器 + 布艺家具

英式乡村风格的居室中常常出现布艺家具,给人带来柔和、舒适的感觉,再搭配上造型复古的花器点缀,更能够带来自然、原始的田园风情。

· 复古花器　　　　　　· 布艺沙发

· 复古花器　　　　　　· 布艺躺椅

· 布艺沙发　　　　　　· 复古花器

72 英伦风装饰品

英伦风的装饰品可以有很
多的选择，比如米字图案的小
挂件、英国士兵等。将这些独
具英式风情的装饰装点于家居
环境中，可以带来强烈的异国
情调。

英国士兵装饰 ·

· 米字旗装饰

73 外文装饰书籍 + 陶瓷摆件

在书桌或餐桌的边柜上摆放一本外文装饰书籍，可以为空间带来浓厚的英式氛围，同时再搭配造型各异的英式陶瓷摆件，更能增添英式乡村的风格。

· 外文装饰书籍　　· 人偶陶瓷摆件

外文装饰书籍 ·　　· 陶瓷摆件

· 动物陶瓷摆件　　· 外文装饰书籍

74 盘状装饰

挂盘形状以圆形为主，选择自然风景或花鸟图案的挂盘，可以为空间带来甜美、柔和的田园气息。

·挂盘装饰

·挂盘装饰

·挂盘装饰

·挂盘装饰

75 格纹 / 条纹坐垫 + 鲜艳的插花

在英式乡村风格的餐厅中，常见到带有格纹或条纹坐垫的餐椅，十分具有风格特征，在餐桌上再摆放一束鲜艳的插花，营造出轻松、愉悦的用餐环境。

· 格子坐垫　　· 鲜艳的插花

· 鲜艳的花艺　　· 格子坐垫

· 条纹坐垫　　· 鲜艳的花艺

76 高背床 + 碎花床品

英式乡村风格的卧室多以高背床为主，简单大方的样式带来英式沉稳感，但搭配上碎花床品，又减弱了实木床的严肃感，增添了甜美柔和的气息。

· 碎花床品　　　　　· 高背床

· 高背床　　　　　· 碎花床品

· 高背床　　　　　· 碎花床品

欧式古典风格

宽大精美的家具　复古华丽的雕花纹饰　精致典雅的软装配饰

77 兽腿家具 + 水晶吊灯

　　线条流畅、雕花精美兽腿的家具和奢华、高贵的水晶吊灯的搭配，给空间带来雍容华贵的气质，使家居环境更具质感，同时也表达了对古典艺术美的崇拜与尊敬。

· 兽腿家具　　· 水晶吊灯

· 兽腿家具　　· 水晶吊灯

· 兽腿家具　　· 水晶吊灯

78 实木雕花家具 + 立体花纹地毯

拥有复杂精美雕花的实木家具带来了奢华、大气的空间氛围，搭配上同样繁复、华贵的立体花纹地毯，充满雍容华贵的格调。

· 实木雕花沙发　　　· 立体花纹地毯

· 立体花纹地毯　　　· 实木雕花床

· 立体花纹地毯　　　· 实木雕花座椅

· 实木雕花沙发　　　· 立体花纹地毯

79 贵妃榻 + 花卉缎面靠枕

贵妃榻的外形高贵，造型优美，曲线玲珑，将贵妃榻摆放在欧式古典风格的家居中，再搭配精致优雅的缎面靠枕，可以传达出奢美、华贵的宫廷气息。

· 花卉缎面靠枕　　· 贵妃榻

· 缎面靠枕　　· 贵妃榻

80 壁炉 + 罗马窗帘

　　壁炉是西方文化的典型载体，拥有浓郁的贵族宫廷色彩，以其优雅的造型和独特的品位来诠释生活的尊贵。再搭配精美的罗马窗帘，可以为家居增添一分高雅别致之美。

· 罗马窗帘　　　　· 壁炉

· 壁炉　　　　· 罗马窗帘　　　　· 罗马窗帘　　　　· 壁炉

81 西洋画 + 典雅花艺

在欧式古典风格的家居空间里，可以选择用西洋画和颜色艳丽的插花来装点空间，以营造浓郁的艺术氛围，表现主人的文化涵养。

· 颜色艳丽的插花　　· 西洋画

典雅的花艺 ·　　· 西洋画

西洋画 ·　　· 典雅的花艺

· 西洋画　　· 颜色艳丽的插花

82 复古台灯 + 复古摆件

造型复古精美的台灯不仅作为照明工具，而且在欧式古典风格居室中还能成为不俗的装饰亮点，再搭配质感复古的工艺品摆件，更能从细节中散发出优雅、精致之感。

· 复古塑像　　　　　　　　　　　· 复古台灯

· 复古台灯　　　　　　· 欧式电话

· 复古台灯　　　· 精致花纹收纳盒

· 复古台灯　　　· 复古工艺品

83 石膏雕像

石膏雕像有很多著名的作品，因此，一些仿制的雕像作品也被广泛地运用于欧式古典风格的家居中，不仅能够很好的切合居室风格，而且也能表现出雅致的文化内涵。

· 石膏雕像

· 石膏雕像

84 银质烛台 + 精美花纹摆件

颜色复古、造型精美的烛台和带有精致花纹的工艺摆件相搭配，能够为居室带来细致的精美感，使风格韵味从细节之中不断地散发。

· 银质烛台　　　　　· 雕花摆件

· 银质烛台　　　　　· 雕花壁挂

雕花相框 ·　　　　　· 银质烛台

· 雕花酒杯　　　　　· 银质烛台

· 四柱床　　　　　　· 流苏边靠枕

85 欧式四柱床 + 花边靠枕

　　在古典欧式风格的卧室中，常常使用四柱床和带有流苏或花边的靠枕组合搭配，以此来彰显欧式风格的古典气韵，高贵典雅。

· 四柱床　　　　　　· 蕾丝花边靠枕

· 花边靠枕　　　　　　· 四柱床

· 四柱床　　　· 花边靠枕

· 四柱床　　　· 花边靠枕

86 床尾凳 + 铁艺、纯铜灯饰

床尾凳和欧式灯饰是欧式古典家居中很有代表性的设计，具有较强的装饰性和少量的实用性，其繁复精致的纹路造型可以从细节上带来精美考究的美感。

· 纯铜台灯　　　　　· 床尾凳

· 铁艺吊灯　　　　　· 雕花床尾凳

· 床尾凳　　　　　· 纯铜壁灯

· 铁艺吊灯　　　　　· 软包床尾凳

新欧式风格
简化的复古家具 + 皮革家具　艺术化工艺品　对称软装

87 简化的复古家具 + 欧式烛台吊灯

　　新欧式风格中往往会采用线条简化的复古家具，这种家具摒弃了欧式古典家具的繁复，但在细节处还保留了精致的曲线或图案。搭配优雅大气的欧式烛台吊灯，可以使家居空间的优雅与时尚共存，适合当代人的生活理念。

·欧式烛台吊灯· ·简化的复古餐椅

·欧式烛台吊灯　·线条简化的复古茶几

·简化的复古沙发　·欧式烛台吊灯

88 雕花精美的家具 + 成对壁灯

新欧式风格的家具多带有柔美的花纹图案或立体感强的浮雕设计，显得高贵、优雅。搭配成对出现的壁灯，让室内环境看起来整洁而有序。

· 雕花扶手椅　　　　　· 成对壁灯

· 成对壁灯　　　　· 雕花床

· 成对壁灯　　　　· 雕花沙发

· 成对壁灯　· 雕花边几

89 曲线家具 + 欧式金属摆件

线条简化的曲线造型家具，令空间呈现出素洁又典雅的环境特征，再搭配充满欧式风格的金属摆件，通过细节处理将空间的精致感提升。

· 金属摆件　　　· 曲线沙发

· 金属小鹿摆件　　　· 曲线贵妃榻

90 流苏窗帘 + 皮革家具

带有流苏的欧式窗帘显得精致而华美，将轻奢的气息带入空间，搭配着欧式皮革家具，可以为居室带来更加丰富的视觉效果。

· 皮面床尾凳　　　　· 流苏窗帘

· 欧式皮沙发　　　　· 流苏窗帘

· 流苏窗帘　　　　· 高背皮餐椅　　　　· 皮面床头　　　　· 流苏窗帘

91 几何 / 抽象图案地毯 + 陶瓷材质软装

带有现代风格的几何 / 抽象图案地毯，将现代感注入空间，平衡古典家具带来的陈旧感，再搭配光洁质感的陶瓷制品，令整个空间更具有轻奢感。

· 几何图案地毯　　　　· 陶瓷台灯

· 几何图案地毯　　· 陶瓷茶具

· 菱形图案地毯　　　　· 陶瓷花瓶

· 菱形图案地毯　　　　　　· 陶瓷花器

· 菱形图案地毯　　　　陶瓷台灯

92 金属框装饰画 + 铁艺枝灯

金属框装饰画和
铁艺枝灯的组合搭配，
将现代与古典融合，
充分展现了新欧式风
格居室的特征。

· 金属框装饰画　　　· 铁艺枝灯

· 铁艺枝灯　　　· 金属框装饰画

· 铁艺枝灯　　　· 金属框装饰画

· 铁艺枝灯   · 金属框装饰画

· 金属框装饰画   · 铁艺枝灯

· 铁艺枝灯   · 金属框装饰画

· 金属框装饰画   · 铁艺枝灯

93 星芒装饰镜

新欧式风格同样注重装饰线条的华美性，一般可以用带有繁复花纹的星芒装饰镜来体现风格特征，从而打造明亮、轻奢的空间环境。

· 星芒装饰镜

· 星芒装饰镜

· 星芒装饰镜

· 星芒装饰镜

· 星芒装饰镜

94 软包床头 + 成对的台灯

新欧式风格的卧室常常
出现带有软包床头的床具，
可以给人复古、优雅的感觉，
床头两旁再摆放成对的台灯，
将整齐有序的对称之美相融
入，更突出风格特征。

· 成对台灯   · 软包床头

· 成对台灯   · 软包床头

成对台灯·   · 软包床头

· 成对台灯   · 软包床头

· 成对台灯   · 软包床头

95 绒布高背椅 + 欧式花艺

高档绒布面料的高背椅常出现在餐厅之中，其简洁化的造型，虽然减少了古典气质，但增添了现代情怀，搭配造型丰富的欧式花艺，可以将时尚与典雅并存的气息融入于家居生活的空间。

· 欧式插花　　　　· 绒布高背椅

· 欧式插花　　　　· 绒布高背椅

· 绒布高背椅　　　　· 欧式插花

· 绒布高背椅　　　· 欧式插花

中式古典风格

明清古典家具　民族传统元素软装　古典工艺品

96 明清家具 + 刺绣坐垫

明清家具不仅具有深厚的历史文化艺术底蕴，而且具有典雅、实用的功能，搭配红色系的刺绣工艺坐垫，能够充分体现精美大气的风格特征。

· 刺绣坐垫　　　　· 明清家具

· 明清家具　　　· 刺绣坐垫

· 明清家具　　　· 刺绣坐垫

97 宫灯 + 雕花实木家具

宫灯是富有特色的中华传统手工艺品之一，它充满宫廷的气派，同时搭配带有精致雕花的实木家具，可以令中式古典风格的家居显得雍容华贵，大气典雅。

· 宫灯　　　　　· 实木雕花家具

· 宫灯　　　　　· 实木雕花家具

· 宫灯　　　　　· 实木雕花家具

· 实木雕花家具　　　　　· 宫灯

98 榻 + 传统元素软装

坐榻具有浓厚的传统韵味，其大气的造型既具有美观性，又有实用性，搭配含有中华传统元素的软装点缀，使空间充满典雅的古意气息。

·雕花榻　　　　·书法装饰

·中式屏风　　　　·榻

·对联装饰　　　　·榻

·仿古灯　　　　·镂雕榻

99 书法装饰 + 仿古灯

　　书法不仅可以提高自身修养，而且还可以用作家居装饰。与造型仿古的灯具搭配，可以将传统的文化墨宝与深厚的民族韵味定格在居室空间，渲染文化氛围。

· 书法装饰　　　　　　　　　　　· 仿古台灯

· 仿古灯　　　　　　　　　　　· 书法装饰

100 中式屏风

屏风一般陈设于室内的显著位置，可以根据需要自由摆放，起到分隔、美化、挡风、协调等作用，是一种将实用性与欣赏性融于一体的家具。

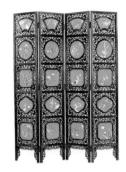

· 折屏屏风

· 透雕屏风

· 插屏屏风

101 圈椅 + 水墨画

圈椅是中国独具特色的椅子样式之一，搭配带有浓郁中华传统文化气息的水墨画，更能彰显出浓厚的中式古典风情。

· 花鸟水墨画　　　· 圈椅

 · 圈椅　　　 · 人物水墨画

· 竹叶水墨画　　　· 圈椅

 · 风景水墨画　　　· 圈椅

· 圈椅　　　 · 写实水墨画

102 木雕花壁挂 + 实木雕花家具

木雕花壁挂和实木雕花家具雕刻精美，组合搭配用在中式古典风格家居中，可以使空间氛围回归古雅，体现着中华传统家居文化的独特魅力。

· 木雕花壁挂　· 实木雕花长案

· 实木雕花榻　· 木雕花壁挂

· 实木雕花座椅　· 木雕花壁挂

103 博古架 + 瓷器

中式博古架往往用于陈列工艺展示品，摆放上瓷器工艺，不仅能彰显居住者的情致品味，还能提升空间文化底蕴，营造雅致考究的氛围。

· 实木博古架

· 实木博古架

· 团圆博古架

· 月洞门博古架

・文房四宝

104 文房四宝

　　文房四宝即笔、墨、纸、砚，不仅具有极强的实用价值，也是融绘画、书法等为一体的艺术品。将其摆放在书房等空间，可以不动声色地彰显出中式古典文化的独特魅力。

・文房四宝

・文房四宝

・文房四宝

105 茶案装饰 + 实木家具

在大气厚重的实木家具上摆放传统茶案，秉承了传统文化与古典美学的柔和，可以营造出非比寻常的气质，令雅致的生活氛围环绕在家居空间之中。

· 实木茶几　　　· 茶案

· 实木书桌　　　· 茶案

· 实木家具　　　· 茶案

· 茶案　　　· 实木茶几

106 几案类家具 + 古玩、盆景

几案类家具的款式多种多样，造型比较古朴、方正，搭配上古玩佳器或山石盆景放在居室中，更添古典气息，成为家居装饰中鲜活的点睛之笔。

· 几案   · 盆栽

· 几案   · 古玩

· 几案   · 古玩瓷器

107 矮凳 + 明清家具

矮凳形态小巧可爱，常常与明清家具组合使用，不仅可以为居室带来和谐统一的视觉效果，而且也能缓和体积庞大的实木家具带来的沉闷感，增添空间层次。

· 实木中式家具　　　· 矮凳

· 矮凳　　　· 实木榻

· 明清家具　　　· 矮凳

· 实木餐桌　　　· 矮凳

新中式风格

线条简化的中式古典家具　现代家具 + 传统家具　中式元素

108 简约博古架 + 文房四宝

简约化的博古架更符合现代居室的使用要求，去掉繁琐的修饰，只保留最精华的部分形成别样风味的新中式家具。将充满传统文化气息的文房四宝摆放于博古架上，更能体现庄重和优雅的气质。

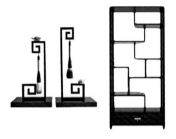

·简约博古架　　　·文房四宝

·简约博古架　　　·文房四宝

·文房四宝　　　·简约博古架

109 中式家具 + 中式花纹软装

线条简练的中式家具配以带有中式纹饰的软装饰品，迎合了新中式家居追求内敛、质朴的设计风格，使传统与现代完美结合，展示新中式风格独特的韵味。

·中式边柜　　·中式水墨壁挂

·中式水墨挂画　　·中式矮凳

·中式圈椅　　·中式纹饰靠枕

·中式纹饰地毯　　·中式家具

110 现代家具 + 传统家具

现代家具与传统家具的组合运用，能够弱化传统中式居室带来的沉闷感，使空间既有传统风格的端庄大气，也有轻松洋气的现代感。

· 现代沙发　　　　　· 中式圈椅

· 现代边几　　　　　· 中式鼓凳

111 花鸟山水挂画 + 中式家具

在墙面上悬挂花鸟山水挂画装饰，可以将自然气息带入到家居中，使空间盈满轻松，从而降低中式家具带来的严肃氛围，令空间亮丽而不失风雅。

·中式矮凳　　　　·水墨花卉挂画

·中式实木柜　·花卉装饰画

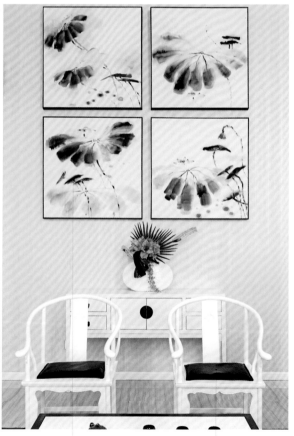

·荷叶装饰画　　　·中式圈椅

112 仿古灯饰 + 中式造型摆件

仿古灯饰更强调古典和传统文化神韵的再现，其装饰多以镂空或雕刻的木材为主，宁静而古朴，再搭配有趣形象的中式工艺品，营造出休闲、雅致的古典韵味。

· 中式摆件　　　　　　　　　　　　仿古台灯 ·

· 中式摆件　　　　　　　　　　　　· 仿古台灯

· 中式茶具摆件　　　　　　　· 仿古落地灯

113 缎面靠枕 + 花鸟山水写意装饰物

触感光滑细腻的缎面靠枕，给人优雅高贵的质感，以山水、花鸟为造型的装饰物搭配，整体散发着自然古朴，婉约清扬的韵味。

·缎面靠枕　　·素雅花艺

·缎面靠枕　　·梅花装饰画

·腊梅手绘床头柜　　·缎面靠枕

·缎面靠枕　　·山水壁饰

114 灯笼、鸟笼造型软装 + 中式家具

中式风格家居中会以灯笼造型的
灯饰或鸟笼造型的摆件来装点空间，
能够给空间带来别番趣味，再搭配大
气端庄的中式家具，更使得传统元素
与现代元素融合，形成独一无二的风
格效果。

· 中式餐椅　　· 灯笼吊顶

· 灯笼落地灯　　　　　　· 中式家具

· 鸟笼装饰摆件　　　· 中式矮凳

· 中式家具　　　· 鸟笼装饰摆件

· 中式圈椅　　· 灯笼吊灯

115 茶案 + 中式花艺

在家居空间中摆放上一个茶案，可以突显一种雅致的生活态度。再搭配淡雅凝练的中式花艺，可以将中华文化的精髓满溢于整个居室空间。

·中式花艺   ·茶案

中式花艺·   ·茶案

中式花艺·   ·茶案

·茶案   ·中式花艺

·中式花艺   ·茶案

茶案· ·中式花艺　　·中式花艺　　·茶案

·中式花艺　　·茶案　　·茶案　　·中式花艺

116 无雕花架子床 + 仿古台灯

新中式风格的卧室使用简化的架子床，无雕花的修饰在视觉上更简洁清爽，但也保留住了传统的韵味，床头摆放的仿古台灯，造型上更有复古的风味，同时也使空间风格感更加浓厚。

· 仿古台灯　　　　　　　　　　· 无雕花架子床

· 无雕花架子床　　　　　　仿古台灯·

· 无雕花架子床　　　　仿古台灯·

· 无雕花架子床　　　　仿古台灯·

117 改良圈椅

改良圈椅造型简练带有弧度，使整体家居环境不显单调，展现出简洁而又富有造型感的空间氛围，令人在家居中享受到惬意与舒适的环境。

改良圈椅 ·

改良圈椅 ·

· 改良圈椅

· 改良圈椅

118 古韵桌旗 + 实木桌

古典气质的桌旗可以传递出浓郁的中华传统文化特征，当桌旗与实木桌相协调时，可以提升空间的品味与格调。

·桌旗　·实木茶几

·实木餐桌　·桌旗

·实木雕花茶几　·桌旗

·桌旗　·实木茶几

东南亚风格

木雕家具 + 明艳的软装　充满禅意的装饰品　自然材质软装

119 木雕家具 + 藤质软装

　　木雕家具是东南亚家居风格中最抢眼的部分，再搭配藤质的软装装饰，充分展现低调奢华，典雅古朴的风格感，使空间极具异域风情。

· 藤面靠枕　　　· 木雕座椅

· 木雕餐椅　　　· 藤质餐垫

· 木雕洗手台

120 藤制家具＋莲叶／芭蕉叶造型软装

　　在东南亚风格中，常见藤制家具和含有莲叶、芭蕉叶元素的软装身影，其既符合风格追求天然的诉求，本身也能充分彰显出来自于天然的质朴感。

・莲叶造型吸顶灯　　　藤编座椅・

・藤编座椅　　　・芭蕉盆栽

・芭蕉造型摆件　　・藤编扶手椅　　　　　　　・芭蕉叶花艺　　藤编沙发・

121 锡器 + 实木家具

锡器无论造型还是雕花图案都带有强烈的东南亚文化印记，因此成为体现东南亚风情的绝佳室内装饰物。搭配上不加修饰的实木家具，更能体现风格特征。

· 实木家具   · 锡器

· 锡器   · 实木餐桌椅

122 佛头 + 木雕装饰

东南亚风格常常使用佛像或佛头作为装饰，可以令空间弥漫着浓郁的禅意气息。再搭配木雕装饰，为空间增加自然的气息，同时更能体现风格特征。

·佛头装饰   ·木雕装饰

·木雕画   ·佛头装饰

木雕画·   ·佛头装饰

木雕壁挂·   ·佛头装饰

123 大象装饰

在东南亚的家居装饰中，大象图案和饰品随处可见，为家居环境中增加了生动、活泼的氛围，也赋予了家居环境美好的寓意。

大象装饰画 ·

· 大象造型矮凳

· 大象靠枕

· 大象造型矮凳

· 大象摆件

124 泰丝靠枕 + 异域风情灯饰

在床或沙发上摆放色彩明艳的靠垫或抱枕，再搭配充满异域风情的灯饰，使绚烂、浓厚的东南亚风情充满空间。

·竹编台灯　　·泰丝靠枕

·彩绘台灯　　·泰丝靠枕

·泰丝靠枕　　·镂空雕花吊灯

125 东南亚特色壁挂 + 禅意摆件

东南亚风格的居室墙面常带有风格感的特色壁挂，搭配带有宗教元素的工艺摆件，可以使空间充满异域风情。

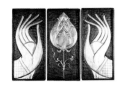

·佛塔摆件　　　　　　　·金箔壁挂

·莲花摆件　　·浮雕壁挂

·莲花摆件　　　　　·东南亚特色壁挂

·东南亚特色壁挂　　　　大象摆件·

126 莲花摆件 + 手工木雕工艺品

带有禅意的莲花摆件十分适合东南亚风格的居室，将宗教信念融入装饰陈设之中，更有风格韵味，同时搭配手工木雕工艺品，也能增添自然的韵味。

· 莲花花艺　　· 手工木雕蜡烛

手工木雕菩提摆件 ·　　· 莲花香薰

127 东南亚吊扇灯 + 实木家具

形似芭蕉叶片的吊扇灯极具风格特征，与体积厚重的实木家具相衬，展现出自然、成熟的空间氛围。

· 东南亚吊扇灯　· 实木茶几

· 实木书桌　· 东南亚吊扇灯

· 实木沙发　· 东南亚吊扇灯

· 东南亚吊扇灯　· 实木柜

128 无雕花架子床 + 纱幔

无雕花架子床加上轻柔的素色纱幔，不仅带来飘逸、浪漫的异域风情，而且能够使空间充满神秘的魅力感。

·无雕花架子床　·纱幔

·无雕花架子床　·纱幔

·纱幔　·无雕花架子床

·纱幔　·无雕花架子床

地中海风格

天然质感的单品　造型圆润流畅的家具　海洋元素装饰

129 船型装饰品 + 复古软装装饰

　　船、船锚等装饰是地中海家居钟爱的元素。将它们摆放在家居中的角落，或悬挂在墙面上，尽显新意。同时搭配复古造型的灯饰或家具，更能够将地中海风情渲染得淋漓尽致。

· 灯塔造型摆件　　　· 复古吊灯

· 复古吊灯　　　· 帆船造型摆件

· 帆船造型摆件　　　· 复古收纳盒

130 蓝白布艺家具 + 原木桌

地中海风格常使用蓝色和白色为主的布艺家具做装饰，使空间充满海洋般的自然之感，再搭配原木桌，更有纯正朴素的自然气息。

·蓝白布艺高背椅   ·原木茶几

·原木桌   ·蓝白布艺餐椅

·蓝白布艺餐椅   ·原木茶几

·原木桌   ·蓝白布艺餐椅

131 地中海吊扇灯 + 藤面 / 布面座椅

地中海吊扇灯是灯和吊扇的完美结合，既具灯的装饰性，又具风扇的实用性，再搭配线条圆润、造型精美的藤面或布面座椅，充分展现了地中海风格的精髓。

地中海吊扇灯·　　·藤面餐椅

·藤面餐椅　　·地中海吊扇灯

地中海吊扇灯·　　·布面座椅

132 条纹/格子布艺+装饰花艺

条纹/格子的纯棉布艺给人干净清新的视觉效果，搭配矮小随性的装饰花艺，为餐厅带来积极明快的自然气息，使用餐环境变得更轻松愉悦。

· 向日葵花艺　　　　　　　　　· 条纹方凳

· 蓝白花艺　　　　　　　　　· 格子圆凳

· 装饰花艺　　　　　　　　　· 条纹布艺餐椅

133 白色四柱床 + 蓝白床品

欧式四柱床带有古典怀旧之感，使用白漆涂刷降低了传统四柱床的沉闷和严肃，更添加了清新与爽利，再加上蓝色与白色的床品为卧室增添了浓厚的海岸韵味，使空间充满了质朴淡雅的地中海风情。

· 蓝白床品　　· 白色四柱床

· 蓝白床品　　· 白色四柱床

· 白色四柱床　　· 蓝白色床品

· 蓝白床品　　· 白色四柱床

134 海洋装饰品 + 擦旧处理的家具

在地中海风格中常见到有关海洋元素的装饰品，这些小装饰能在细节处为地中海风格的家居增加活跃、灵动的气氛，搭配上擦旧处理的木家具可以让空间散发古朴的气息，表现地中海风格追求随性、天然的诉求。

· 擦旧茶几　　　　　· 鱼类摆件

· 海螺装饰　　· 擦旧书桌

135 爬藤类植物 + 藤编装饰物

爬藤类植物拥有顽强的生命力，其下垂的枝叶能够给人随性自然的感觉，再佐以藤编材质的装饰物，能够为空间增添活跃、灵动的气氛。

· 爬藤类植物　　　　　· 编藤收纳盒

· 编藤篮子　　　· 爬藤类植物

· 爬藤类植物　　　· 藤编收纳柜

136 彩绘玻璃灯具 + 铁艺装饰

彩绘玻璃灯具造型独特优美，颜色浪漫梦幻，与同样造型优美灵动的铁艺装饰组合搭配，可以很好地表达地中海风格中自由、浪漫、休闲的风格艺术。

铁艺吊灯 ·   · 彩绘玻璃壁灯

· 铁艺装饰吊灯   · 彩绘玻璃吸顶灯   铁艺装饰镜 ·   · 彩绘玻璃镜前灯

137 船型家具

船型家具是最能体现出地
中海风格的元素之一，其独
特的造型既能为家中增加一
分新意，也能令人体验到来
自海洋的风情。在家中摆放
这样的一个船型家具，浓浓
的地中海风情呼之欲出。

• 船型儿童床

• 船型柜

138 圣托里尼装饰画

在地中海风格的家居中，其装饰画的题材可以选择圣托里尼风景画。清雅的色彩、梦幻的内容，搭配木质相框的装饰画可以很好地体现风格特征。

· 圣托里尼装饰画

· 圣托里尼装饰画

· 圣托里尼装饰画

· 圣托里尼装饰画

139 条纹 / 格子布艺 + 装饰花艺

条纹 / 格子的纯棉布艺
给人干净清新的视觉效果，
搭配矮小随性的装饰花艺，
为餐厅带来积极明快的自然
气息，使用餐环境变得更轻
松愉悦。

· 条纹靠枕　　　· 铁艺灯

· 条纹靠枕　　　· 铁艺灯

· 条纹靠枕　　　· 铁艺灯

140 蓝白色窗帘 + 条纹布艺家具

蓝白色窗帘带来浓郁的地中海风情，将清新爽利的气息带入空间，同时搭配蓝白条纹的布艺家具，视觉上更有整体感，且更具有风格特征。

·蓝白窗帘　　　　　　　　　·蓝白格纹餐椅

·蓝白条纹床品　　　　　　·蓝白窗帘

·蓝白条纹窗帘　　　　　　·蓝白条纹沙发

·蓝白窗帘　　　　　　·蓝白条纹沙发

混搭风格

传统家具＋现代家具　中式家具＋西式家具　传统材质＋新型材质　中西装饰

141 现代家具＋中式古典家具

在混搭风格的家居中，中式家具与现代家具的黄金搭配比例是 3 : 7，因为中式家具的造型和色泽十分抢眼，太多反而会令居室显得杂乱无章。

·现代玻璃茶几　·中式古典榻

·中式古典餐边柜　　　·现代餐桌

·中式古典玄关柜　·现代皮矮凳

142 现代家具 + 欧式家具

线条平直的现代家具搭配链条流畅圆润的欧式家具，可以令家居环境看起来富有变化性，从视觉上丰富了空间的层次感。

·欧式雕花沙发　　·创意家具

·尖腿茶几　　·现代皮沙发

·欧式高背扶手椅　　·现代沙发

·欧式扶手椅　　·现代橱柜

·欧式座椅　　·简约沙发

143 现代装饰 + 中式装饰品

现代装饰品与中式装饰品的搭配使用，是混搭风格家居中常用的装饰手法。现代装饰品的时尚感与中式装饰品的古典美，可以令居室的格调独具品位。

· 中式摆件　　　· 现代装饰画

· 现代装饰灯具　　　· 中式装饰画

144 中式家具 + 欧式家具

将气质与风格完全
相反的中式家具和欧式
家具组合，融合东方的
含蓄美与西方的典雅美，
打造焕然一新的空间。

· 欧式兽腿沙发　　　　　　　　　· 中式电视柜

· 欧式尖腿书桌　　　　· 中式官帽椅

· 中式陶瓷鼓凳　　　· 欧式餐椅

145 现代家具 + 欧式装饰

将充满个性的现代家具与端庄大气的欧式装饰搭配，可以将时尚与典雅融合，带来不一样的视觉效果。

· 现代长桌   · 欧式水晶吊灯

· 现代实木长桌   · 欧式烛台吊灯

创意边几 ·   · 欧式相框

146 中式装饰品 + 欧式家具

在欧式风格为主的空
间里，将带有中式风格
的元素点缀其中，通过
巧妙地融合，便能体现出
一定的文化韵味和独特的
风格。

·编钟摆件   ·欧式餐椅

·欧式斗柜   ·中式陶瓷罐

·欧式高背床   青花瓷器·

·中式彩釉人物雕像   ·欧式洗手台

147 现代灯具 + 中式元素

在混搭风格的家居中，可以选择一盏非常具有现代特色的灯具来定义居室的前卫与时尚。之后，在居室内加入一些中式元素，例如中式摆件、中式雕花家具等。这样的搭配可以令家居氛围异常独特。

· 现代吸顶灯　· 雕花鼓凳

· 现代台灯　· 中式摆件

· 玻璃吊灯　· 水墨山水画

148 现代画 + 中式家具

现代画与中式家具的搭配，将活泼灵动的时尚气息与庄重大气的古典感糅合，产生别有格调的空间氛围。

· 现代画　　　　　　　　　　　　　· 中式雕花案

· 现代画　　　　　　　· 中式圈椅

149 中式装饰画 + 欧式家具

在欧式风格家居中，使用中式装饰画点缀，不仅能够带来独树一帜的装饰效果，而且也能使空间更添古雅之韵味。

· 书法装饰画　　　· 欧式餐桌椅

· 欧式高背椅　　　· 中式花卉装饰画　　　· 水墨装饰画　　　· 欧式玄关柜

150 现代家具 + 中式装饰品

中式元素装饰品与现代家具的结合，使空间既有中式的古朴风情，又不失现代感，达到与众不同的居室效果。

·现代实木边柜　　·中式手绘花器

·青花瓷器　　·现代皮沙发

·中式屏风　　·现代沙发

·现代茶几　　·中式石器摆件